Hello, happy to see you here.
I'm BB, aka Bead Baby.

Practicing is the key to a better Abacus skill.

You can practice your abacus and mental math skills with all the exercise books we prepare for you.

2 Digits 34 Exercises

Go! Go! Go!

Text and pictures copyright © 2019 by Sheena Chin & Yonhao Fan

All rights reserved.

No parts of this book may be used, reproduced, scanned or transmitted in any form or by any means, electronic or mechanical, including photocopying or recording, without written permission from the publisher.

For information address PinGrow Media, contact@pingrow.com

ISBN-13: 978-1-949622-10-2

Visit www.pingrow.com

1, 2 digits 3 numbers

1	2	3	4	5	6	7	8	9	10
15	34	37	80	33	49	21	25	48	14
7	-4	-4	-9	22	-4	-2	9	-6	4
58	19	13	12	-1	28	66	-11	23	79

11	12	13	14	15	16	17	18	19	20
56	11	12	10	36	26	58	53	63	31
5	-5	53	87	24	-18	8	2	9	14
12	18	-3	-9	2	7	-2	7	18	-6

21	22	23	24	25	26	27	28	29	30
43	24	86	13	71	50	28	29	85	58
4	-6	7	-5	-5	-1	2	-4	-8	8
-25	76	-19	16	12	15	-15	72	12	-19

1, 2 digits 3 numbers

1	2	3	4	5	6	7	8	9	10
77	82	20	77	72	49	38	24	34	25
13	13	-3	11	8	17	-4	1	8	-7
-4	4	25	-5	-16	-1	27	-11	-29	26

11	12	13	14	15	16	17	18	19	20
65	73	12	11	66	67	24	38	12	57
-2	-6	26	29	6	-2	-1	28	-6	3
22	18	6	-2	18	16	52	8	79	28

21	22	23	24	25	26	27	28	29	30
79	35	34	84	49	26	32	55	76	41
9	-8	28	-9	18	37	23	29	-7	-8
8	23	3	11	-6	-8	-7	-2	18	34

1, 2 digits 3 numbers

1	2	3	4	5	6	7	8	9	10
33	28	22	23	37	38	17	52	54	50
-4	68	3	-7	-8	33	5	19	-7	-19
49	-9	68	83	18	-7	29	3	29	4

11	12	13	14	15	16	17	18	19	20
38	8	23	24	43	37	25	11	26	45
13	50	3	9	-11	-9	61	-6	47	28
-5	17	19	-16	-7	24	-2	36	-2	-8

21	22	23	24	25	26	27	28	29	30
39	45	55	48	37	21	17	29	57	49
-3	8	-15	9	-9	29	-6	19	-29	37
14	25	-6	12	25	6	33	-6	5	-2

1, 2 digits 3 numbers

1	2	3	4	5	6	7	8	9	10
27	40	25	63	29	14	16	21	16	37
-6	-6	-9	9	35	-5	39	-9	-7	57
22	62	36	13	-4	29	7	36	49	-6

11	12	13	14	15	16	17	18	19	20
18	48	49	40	24	53	34	69	44	23
44	1	28	-9	-9	27	28	-9	37	24
3	-21	-7	35	17	-1	-9	21	-9	-3

21	22	23	24	25	26	27	28	29	30
24	64	28	58	59	47	38	89	55	90
-6	29	64	-9	-8	29	43	-47	-7	-57
19	4	-9	-18	-12	-6	-2	3	26	9

1, 2 digits 3 numbers

1	2	3	4	5	6	7	8	9	10
90	71	17	46	48	27	79	44	49	27
-57	9	1	16	12	19	3	-9	17	23
9	-18	61	-4	-6	5	-36	48	-6	-2

11	12	13	14	15	16	17	18	19	20
29	30	67	58	29	10	35	37	28	16
-2	-17	6	-9	17	-9	28	5	16	9
46	8	-44	23	-9	66	-3	-13	-9	-11

21	22	23	24	25	26	27	28	29	30
15	59	38	59	32	20	14	49	41	33
41	1	20	22	3	9	28	5	17	2
-3	-22	9	-3	-19	19	-2	-33	-8	-18

1, 2 digits 3 numbers

1	2	3	4	5	6	7	8	9	10
33	29	62	87	99	49	2	8	18	22
2	35	-58	3	-10	-42	16	25	69	9
52	-9	1	-25	-7	9	59	-17	-9	-14

11	12	13	14	15	16	17	18	19	20
2	95	57	36	86	17	36	68	47	26
89	-13	9	9	-19	16	9	-33	13	9
-18	4	-29	-44	-8	4	-33	-9	-2	34

21	22	23	24	25	26	27	28	29	30
45	56	11	12	99	1	88	45	19	33
19	1	-9	8	-87	81	1	44	18	-8
-3	-29	86	-16	4	13	-73	5	-2	44

1, 2 digits 3 numbers

1	2	3	4	5	6	7	8	9	10
12	3	89	45	79	86	75	38	48	29
36	56	10	6	-8	11	6	-12	51	2
2	11	-6	33	24	-4	16	9	-3	-16

11	12	13	14	15	16	17	18	19	20
28	29	91	8	12	43	10	39	17	48
19	3	-89	87	19	-35	9	57	-4	35
-3	-18	9	-63	-6	8	-11	-5	25	-8

21	22	23	24	25	26	27	28	29	30
57	6	84	12	34	1	46	97	65	23
-39	85	4	-9	-28	62	27	-35	8	70
2	-37	-19	68	7	-19	-4	9	-28	-6

1, 2 digits 3 numbers

1	2	3	4	5	6	7	8	9	10
83	37	6	55	40	45	6	79	48	35
-10	24	75	-2	-7	26	65	9	23	5
3	-6	-17	23	13	-3	-14	-38	-7	32

11	12	13	14	15	16	17	18	19	20
58	4	30	99	62	62	56	85	9	29
35	48	46	-2	-15	-9	3	-61	56	-8
-6	-27	6	-38	-5	20	-19	-5	-22	36

21	22	23	24	25	26	27	28	29	30
44	28	45	68	83	47	58	62	38	59
27	1	28	-2	9	-25	6	3	17	8
-4	21	-5	16	-19	9	-44	-36	4	-19

2 digits 3 numbers

1	2	3	4	5	6	7	8	9	10
67	16	54	47	25	68	53	93	28	89
86	58	96	56	73	-44	81	12	46	-65
-43	-23	-75	-23	-60	62	17	-24	20	21

11	12	13	14	15	16	17	18	19	20
45	67	13	72	83	91	56	31	84	54
10	-38	97	47	-25	-52	48	-27	-48	-29
34	46	85	-26	76	44	-35	38	73	39

21	22	23	24	25	26	27	28	29	30
79	52	56	38	37	63	77	13	47	68
33	-26	-29	36	89	74	-19	84	69	54
-44	38	93	73	-65	97	46	74	-77	-33

31	32	33	34	35	36	37	38	39	40
88	91	81	74	79	83	38	36	80	72
84	-19	-53	29	-65	-37	66	68	95	-26
-99	61	55	97	46	48	-25	34	-29	69

41	42	43	44	45	46	47	48	49	50
96	85	88	58	42	67	28	46	32	81
-38	22	16	25	-13	26	86	-37	14	-38
87	18	-27	22	60	73	-75	22	77	58

2 digits 3 numbers

1	2	3	4	5	6	7	8	9	10
14	38	15	22	17	81	29	61	58	66
55	-14	91	78	87	88	85	79	44	37
35	26	-11	91	-19	75	28	-33	-38	25

11	12	13	14	15	16	17	18	19	20
42	88	39	28	36	78	97	89	99	47
83	-29	66	95	17	-64	43	12	59	12
-26	65	47	-36	78	35	-62	92	-74	-19

21	22	23	24	25	26	27	28	29	30
95	84	26	33	41	38	38	33	75	77
-16	68	78	78	-19	66	25	57	-58	-48
25	-77	-37	-26	83	49	-10	-28	76	37

31	32	33	34	35	36	37	38	39	40
41	70	93	95	62	69	62	76	63	27
39	-16	-41	-40	28	22	-37	27	78	55
77	46	33	88	53	98	60	-23	-25	92

41	42	43	44	45	46	47	48	49	50
91	22	78	85	29	29	32	74	48	87
-48	59	85	-47	43	78	81	-28	56	-39
23	34	-37	64	19	-28	-14	37	72	53

2 digits 3 numbers

1	2	3	4	5	6	7	8	9	10
58	55	21	61	50	61	83	36	66	21
-29	-27	29	79	-23	-27	28	15	-47	39
31	43	68	-43	83	44	-47	67	28	-18

11	12	13	14	15	16	17	18	19	20
91	16	44	93	78	47	29	84	17	38
-36	56	-28	97	-29	77	44	-28	45	23
87	34	99	88	44	-29	97	67	18	67

21	22	23	24	25	26	27	28	29	30
76	51	19	93	21	97	45	62	77	52
82	-26	58	-27	66	27	-19	17	18	24
-46	39	-29	18	71	-55	56	22	-36	-17

31	32	33	34	35	36	37	38	39	40
77	58	25	83	67	27	99	68	56	88
-29	23	38	-19	-11	48	17	19	-27	76
36	55	69	77	21	29	-53	-37	38	-92

41	42	43	44	45	46	47	48	49	50
29	18	23	47	51	36	76	64	67	19
83	98	87	95	-27	58	-29	39	65	33
-65	-77	-34	-33	42	-16	36	-14	92	38

2 digits 3 numbers

1	2	3	4	5	6	7	8	9	10
38	36	55	53	64	66	57	72	44	41
69	47	-16	-27	-19	-27	38	55	-15	29
79	-15	38	49	28	10	-29	64	37	49

11	12	13	14	15	16	17	18	19	20
29	94	93	25	54	31	44	24	61	36
35	51	-27	66	-27	-17	38	67	85	48
46	-38	35	45	96	42	-21	-19	-33	-27

21	22	23	24	25	26	27	28	29	30
66	47	92	28	49	96	73	28	95	75
57	26	-37	43	93	67	-28	39	-19	59
-19	98	21	29	-38	-33	78	35	57	-18

31	32	33	34	35	36	37	38	39	40
81	84	84	34	81	69	55	90	29	92
-27	-47	27	17	-43	51	86	-22	98	-35
47	54	74	22	18	-36	-19	95	-32	44

41	42	43	44	45	46	47	48	49	50
65	28	13	68	97	71	91	53	27	53
-31	37	28	43	72	38	-28	69	39	-17
55	31	72	-97	78	-19	56	-71	71	41

2 digits 3 numbers

1	2	3	4	5	6	7	8	9	10
55	96	81	33	98	68	33	68	56	28
38	-28	-26	48	-39	25	-18	-19	46	69
-43	81	95	22	44	-33	66	54	18	-13

11	12	13	14	15	16	17	18	19	20
63	78	99	41	63	14	68	27	74	15
77	-49	18	28	28	57	17	55	-25	66
-20	28	-65	63	-44	68	-23	74	29	-24

21	22	23	24	25	26	27	28	29	30
83	89	55	41	66	39	41	26	64	44
-27	64	-37	-28	85	48	-19	39	-26	99
78	25	42	63	50	-27	77	74	16	-39

31	32	33	34	35	36	37	38	39	40
94	98	29	76	65	80	51	68	92	56
-28	45	75	-48	-29	-16	-17	97	-26	-28
87	-67	-27	56	88	61	23	-39	63	77

41	42	43	44	45	46	47	48	49	50
63	22	65	19	43	33	46	77	92	44
73	83	-28	23	69	-18	-28	96	-38	-27
-27	-36	39	76	-48	89	77	-88	44	33

2 digits 3 numbers

1	2	3	4	5	6	7	8	9	10
81	31	24	39	47	37	33	77	67	49
-52	-17	38	25	-18	26	16	-18	-29	23
21	46	57	72	73	86	67	25	39	-16

11	12	13	14	15	16	17	18	19	20
29	75	34	46	53	23	94	65	37	55
95	59	92	34	-14	38	-68	97	27	-16
-38	-46	-66	24	23	17	56	38	-13	87

21	22	23	24	25	26	27	28	29	30
47	71	63	48	59	44	32	73	24	31
85	90	-28	83	-38	28	95	17	29	68
-68	-18	41	-22	44	-19	13	-23	31	-22

31	32	33	34	35	36	37	38	39	40
57	67	28	14	28	42	56	59	43	27
64	75	82	48	73	-16	-15	18	19	35
71	-48	-22	-23	24	81	39	-27	22	-16

41	42	43	44	45	46	47	48	49	50
51	33	34	99	71	26	59	78	55	75
-26	69	-19	11	-27	55	92	18	-19	-37
39	-21	82	-38	33	69	-66	-63	75	22

2 digits 3 numbers

1	2	3	4	5	6	7	8	9	10
85	88	69	78	44	94	55	44	94	56
-27	-39	26	-24	-16	-37	-27	-27	56	-27
66	25	34	55	32	76	48	52	63	44

11	12	13	14	15	16	17	18	19	20
95	88	67	43	95	63	84	29	56	34
-37	25	45	-26	-47	28	23	49	37	49
26	-53	-37	59	22	-19	-49	-15	22	-11

21	22	23	24	25	26	27	28	29	30
52	15	75	96	54	36	55	24	41	54
-25	84	-38	47	69	-18	-23	38	19	-26
36	-69	52	-11	32	59	47	27	-22	44

31	32	33	34	35	36	37	38	39	40
78	81	44	74	27	68	57	74	48	56
25	-14	58	-38	44	-39	86	-55	34	67
-36	69	-29	66	81	43	-99	37	-26	-96

41	42	43	44	45	46	47	48	49	50
83	79	74	65	26	90	59	87	16	75
-59	32	-29	18	32	-67	36	92	89	-39
99	-46	56	79	55	55	-29	-66	20	14

2 digits 3 numbers

1	2	3	4	5	6	7	8	9	10
86	76	43	41	31	93	34	70	29	38
-38	96	68	82	75	-16	-17	92	33	63
22	-24	18	-33	-24	20	65	-67	19	-27

11	12	13	14	15	16	17	18	19	20
60	44	31	31	66	77	89	24	81	39
-29	72	65	65	77	-39	13	63	-33	22
32	-19	17	-28	22	56	37	-36	97	14

21	22	23	24	25	26	27	28	29	30
67	88	55	58	23	86	38	44	87	55
35	-50	-11	43	-16	-43	45	-28	-39	48
-96	42	24	23	48	27	-16	87	21	-29

31	32	33	34	35	36	37	38	39	40
25	59	62	54	94	51	77	94	75	62
57	-23	87	29	59	-38	-28	26	-41	-26
79	33	22	-25	-47	66	56	-33	96	37

41	42	43	44	45	46	47	48	49	50
29	22	94	91	21	50	91	71	46	28
79	87	-55	-62	79	-12	-29	32	-28	35
-53	52	83	58	-24	33	64	-53	90	67

1, 2 digits 4 numbers

1	2	3	4	5	6	7	8	9	10
77	7	95	41	44	56	17	98	34	85
86	11	74	-4	89	45	26	2	-9	-8
-9	45	-6	50	32	-5	-8	28	72	39
52	57	67	93	-9	65	53	34	25	27

11	12	13	14	15	16	17	18	19	20
87	57	82	25	23	53	15	35	7	17
-8	75	-7	38	32	-8	8	26	15	49
91	-4	46	-16	46	22	24	38	28	-7
23	12	54	33	-9	16	39	-9	-4	22

21	22	23	24	25	26	27	28	29	30
36	29	12	9	47	35	48	24	9	45
35	26	23	42	33	7	29	46	63	29
-9	-6	46	26	-2	28	22	19	33	-8
28	14	-9	17	28	19	-8	-8	27	31

1, 2 digits 4 numbers

1	2	3	4	5	6	7	8	9	10
56	9	38	8	29	45	53	73	69	37
-8	23	14	22	35	-18	-28	-24	9	26
28	18	33	17	-8	13	9	45	-19	-9
14	25	-9	15	16	9	17	7	23	18

11	12	13	14	15	16	17	18	19	20
35	19	29	24	25	36	31	34	45	6
28	31	9	26	19	14	19	28	16	48
-14	-8	-17	-9	36	-7	-17	-8	18	29
6	26	14	39	-8	29	9	16	-9	-11

21	22	23	24	25	26	27	28	29	30
29	28	35	30	7	26	9	16	43	6
21	23	-11	-19	39	37	34	29	22	15
-7	-14	52	9	26	-8	-14	-18	18	24
17	6	9	22	18	15	27	7	-9	-16

1, 2 digits 4 numbers

1	2	3	4	5	6	7	8	9	10
21	5	39	29	8	35	23	15	13	33
34	14	37	23	37	-18	9	66	46	-4
17	48	-8	19	34	26	14	-24	-39	49
-9	33	25	-6	18	7	15	2	5	16

11	12	13	14	15	16	17	18	19	20
34	36	17	25	8	18	26	19	29	28
26	27	46	39	60	25	28	24	18	18
-19	33	-6	11	35	36	-6	-28	-27	-9
8	-6	15	-9	-26	-4	11	7	6	33

21	22	23	24	25	26	27	28	29	30
35	6	22	27	8	27	33	17	38	57
16	35	3	23	13	18	7	28	33	24
26	17	38	-18	52	34	25	36	-7	-17
-7	-22	17	9	-33	-8	-16	-9	16	8

1, 2 digits 4 numbers

1	2	3	4	5	6	7	8	9	10
33	5	17	19	52	70	98	89	65	64
4	26	5	67	68	22	26	9	7	81
17	39	59	-24	3	-45	-56	-56	-28	5
45	-14	-24	9	-23	6	3	44	32	-14

11	12	13	14	15	16	17	18	19	20
54	28	7	61	38	46	7	93	8	84
79	59	44	-18	53	28	37	62	57	75
-7	-19	36	72	5	-16	75	-37	35	-66
20	4	23	3	28	9	-15	7	-26	7

21	22	23	24	25	26	27	28	29	30
77	50	65	32	24	79	20	84	92	5
-11	17	29	28	51	38	83	-9	84	34
67	8	-18	1	60	-7	13	-16	-34	77
8	-22	9	-11	-8	25	1	27	3	-65

1, 2 digits 4 numbers

1	2	3	4	5	6	7	8	9	10
33	74	6	75	53	72	5	36	29	4
11	44	38	9	9	28	26	6	33	59
1	-24	69	36	45	96	49	-17	92	86
58	9	-28	-28	-38	-9	-14	24	-8	79

11	12	13	14	15	16	17	18	19	20
59	86	1	83	48	75	2	51	33	8
2	21	87	-15	82	57	49	-14	68	54
39	7	38	98	7	-43	73	27	2	66
-25	-36	-45	8	35	-9	35	-9	47	27

21	22	23	24	25	26	27	28	29	30
32	8	42	22	66	21	88	8	77	64
53	39	5	64	92	89	78	49	-9	78
66	54	32	-78	7	-67	9	-17	58	-6
-7	71	28	-8	46	9	-65	36	28	33

1, 2 digits 4 numbers

1	2	3	4	5	6	7	8	9	10
94	28	38	74	9	13	57	67	4	86
38	53	57	6	49	11	28	-5	41	-9
-4	-6	-13	64	-35	5	19	79	-11	37
11	34	7	-37	52	42	-6	-27	66	65

11	12	13	14	15	16	17	18	19	20
6	85	34	77	9	54	84	63	98	84
47	29	2	29	63	5	49	-9	-14	-8
35	-4	71	-6	-48	38	-9	34	6	-12
-58	-38	67	42	37	-24	-19	27	22	56

21	22	23	24	25	26	27	28	29	30
4	95	47	52	43	27	89	47	51	15
92	-1	-13	96	-6	97	-2	35	-7	51
-18	39	77	-5	83	5	65	-13	13	67
26	16	-9	-36	-45	-81	22	-8	46	-9

1, 2 digits 4 numbers

1	2	3	4	5	6	7	8	9	10
64	4	29	23	6	38	9	85	54	7
57	29	75	2	68	26	52	8	37	39
-24	33	86	46	26	73	69	49	29	16
7	74	-6	69	-46	-9	-24	-34	5	-28

11	12	13	14	15	16	17	18	19	20
12	8	79	53	29	52	18	68	4	39
55	60	7	47	6	16	84	56	68	77
-19	81	38	27	52	24	2	-37	37	-24
6	-55	-15	-6	-34	-9	-78	7	-54	8

21	22	23	24	25	26	27	28	29	30
51	4	92	77	99	5	72	14	56	5
97	94	16	9	-14	57	8	59	7	72
-45	-16	-44	35	83	38	29	-22	72	37
6	22	8	-28	7	-19	-35	3	19	56

1, 2 digits 4 numbers

1	2	3	4	5	6	7	8	9	10
68	54	8	74	22	8	34	44	9	65
22	36	25	-8	38	27	26	8	41	32
-23	-67	43	-36	-19	71	-8	-21	-22	-8
-9	7	-27	18	7	45	-17	17	18	-19

11	12	13	14	15	16	17	18	19	20
44	8	46	65	2	76	55	98	7	43
36	24	26	-42	38	-58	6	-39	56	8
-6	35	9	24	19	9	-23	-28	23	29
-27	-13	-15	-7	46	17	18	4	-33	11

21	22	23	24	25	26	27	28	29	30
54	8	56	23	44	2	91	65	34	5
23	29	47	6	8	33	-48	5	28	45
-38	43	-87	38	36	46	32	-43	-3	-34
3	-11	5	-14	-27	-29	7	28	22	21

2 digits 4 numbers

1	2	3	4	5	6	7	8	9	10
77	17	96	42	44	56	27	98	34	85
86	21	74	-24	89	45	26	12	-19	-68
-39	45	-56	50	32	-35	-18	28	72	39
52	57	67	93	-29	65	53	34	25	27

11	12	13	14	15	16	17	18	19	20
87	57	82	25	23	53	15	35	27	17
-58	75	-27	38	32	-38	18	26	15	49
91	-34	46	-16	46	22	24	38	28	-27
23	12	54	33	-29	16	39	-29	-14	22

21	22	23	24	25	26	27	28	29	30
36	29	12	39	47	35	48	24	29	45
35	26	23	42	33	-17	29	46	63	29
-29	-16	46	26	-32	28	22	19	33	-28
28	14	-19	17	28	19	-28	-38	27	31

2 digits 4 numbers

1	2	3	4	5	6	7	8	9	10
56	29	38	38	29	45	53	73	69	37
-28	23	14	22	35	-18	-28	-24	19	26
28	18	33	17	-28	13	39	45	-19	-19
14	25	-18	15	16	29	17	27	23	18

11	12	13	14	15	16	17	18	19	20
35	19	29	24	25	36	31	34	45	56
28	31	29	26	19	14	19	28	16	48
-14	-38	-17	-19	36	-17	-17	-18	18	29
26	26	14	39	-28	29	39	16	-29	-11

21	22	23	24	25	26	27	28	29	30
29	28	35	30	27	26	29	16	43	36
21	23	-11	-19	39	37	34	29	22	15
-17	-14	52	39	26	-18	-14	-18	18	24
17	36	29	22	18	15	27	27	-29	-16

2 digits 4 numbers

1	2	3	4	5	6	7	8	9	10
21	45	39	29	28	35	23	15	13	33
34	14	37	23	37	-18	29	66	46	-14
17	48	-28	19	34	26	14	-24	-39	49
-19	33	25	-16	18	27	15	52	45	16

11	12	13	14	15	16	17	18	19	20
34	36	17	25	28	18	26	19	29	28
26	27	46	39	60	25	28	24	18	18
-19	33	-36	11	35	36	-16	-28	-27	-19
28	-16	15	-29	-26	-24	11	27	26	33

21	22	23	24	25	26	27	28	29	30
35	36	22	27	28	27	33	17	38	57
16	35	23	23	13	18	27	28	33	24
26	17	38	-18	52	34	25	36	-27	-17
-17	-22	17	19	-33	-18	-16	-19	16	28

2 digits 4 numbers

1	2	3	4	5	6	7	8	9	10
33	25	17	19	52	70	98	89	65	64
24	26	26	67	68	22	26	29	17	81
17	39	59	-24	43	-45	-56	-56	-28	25
45	-14	-24	39	-23	56	63	44	32	-14

11	12	13	14	15	16	17	18	19	20
54	28	17	61	38	46	27	93	38	84
79	59	44	-18	53	28	37	62	57	75
-37	-19	36	72	15	-16	75	-37	35	-66
20	14	23	23	28	19	-15	27	-26	17

21	22	23	24	25	26	27	28	29	30
77	50	65	32	24	79	20	84	92	45
-11	17	29	28	51	38	83	-39	84	34
67	38	-18	21	60	-17	13	-16	-34	77
28	-22	19	-11	-8	25	-27	27	63	-65

2 digits 4 numbers

1	2	3	4	5	6	7	8	9	10
33	74	36	75	53	72	45	36	29	14
11	44	38	29	19	28	26	26	33	59
21	-24	69	36	45	96	49	-17	92	86
58	29	-28	-28	-38	-39	-14	24	-38	79

11	12	13	14	15	16	17	18	19	20
59	86	31	83	48	75	32	51	33	28
22	21	87	-15	82	57	49	-14	68	54
39	17	38	98	47	-43	73	27	32	66
-25	-36	-45	18	35	-19	35	-19	47	27

21	22	23	24	25	26	27	28	29	30
32	28	42	52	66	21	88	28	77	64
53	39	15	64	92	89	78	49	-39	78
66	54	32	-78	-37	-67	-39	-17	58	-16
-37	71	28	-18	46	19	-65	36	28	33

2 digits 4 numbers

1	2	3	4	5	6	7	8	9	10
94	28	38	74	39	13	57	67	14	86
38	53	57	27	49	11	28	-26	41	-39
-24	-16	-13	64	-35	45	19	79	-11	37
11	34	37	-37	52	42	-26	-27	66	65

11	12	13	14	15	16	17	18	19	20
26	85	34	77	29	54	84	63	98	84
47	29	12	29	63	45	49	-29	-14	28
35	-34	71	-36	-48	38	-39	34	36	-12
-58	-38	67	42	37	-24	-19	27	22	56

21	22	23	24	25	26	27	28	29	30
24	95	47	52	43	27	89	47	51	15
92	-18	-13	96	-26	97	-22	35	-27	51
-18	39	77	-35	83	15	65	-13	13	67
26	16	-19	-36	-45	-81	22	-18	46	-28

2 digits 4 numbers

1	2	3	4	5	6	7	8	9	10
64	34	29	23	26	38	29	85	54	27
57	29	75	22	68	26	52	18	37	39
-24	33	86	46	26	73	69	49	29	16
27	74	-16	69	-46	-39	-24	-34	35	-28

11	12	13	14	15	16	17	18	19	20
12	38	79	53	29	52	18	68	14	39
55	60	17	47	26	16	84	56	68	77
-19	81	38	27	52	24	32	-37	37	-24
26	-55	-15	-36	-34	-19	-78	27	-54	28

21	22	23	24	25	26	27	28	29	30
51	24	92	77	99	25	72	14	56	25
97	94	16	29	-14	57	18	59	17	72
-45	-16	-44	35	83	38	29	-22	72	37
16	22	18	-28	17	-19	-35	13	19	56

2 digits 4 numbers

1	2	3	4	5	6	7	8	9	10
68	54	38	74	22	38	34	44	29	65
22	36	25	-18	38	27	26	28	41	32
-23	-67	43	-36	-19	71	-18	-21	-22	-18
-19	27	-27	18	27	45	-17	17	18	-19

11	12	13	14	15	16	17	18	19	20
44	38	46	65	22	76	55	98	17	43
36	24	26	-42	38	-58	26	-39	56	28
-26	35	49	24	19	19	-23	-28	23	29
-27	-13	-15	-17	46	17	18	24	-33	11

21	22	23	24	25	26	27	28	29	30
54	28	56	23	44	32	91	65	34	55
23	29	47	16	28	33	-48	45	28	45
-38	43	-87	38	36	46	32	-43	-23	-34
13	-11	15	-14	-27	-29	37	28	22	21

2 digits 4 numbers

1	2	3	4	5	6	7	8	9	10
45	87	16	66	52	33	88	17	34	46
36	25	79	23	98	58	26	64	-29	83
28	-64	34	41	-12	-23	-35	-43	57	-26
-19	77	-18	-96	56	91	29	76	78	16

11	12	13	14	15	16	17	18	19	20
77	49	86	99	47	90	76	63	55	66
33	29	-37	-19	54	56	71	29	66	39
85	-38	65	24	92	-39	58	-21	-28	27
-94	85	49	46	-37	25	-88	-43	44	50

21	22	23	24	25	26	27	28	29	30
25	66	67	65	48	81	89	43	64	66
66	48	74	91	21	-17	-28	99	88	49
31	-27	48	-28	51	48	33	79	25	-24
-48	22	-25	19	-16	31	65	-25	-41	34

2 digits 4 numbers

1	2	3	4	5	6	7	8	9	10
88	87	33	93	65	86	88	57	28	49
81	52	77	76	59	77	51	38	83	51
-44	74	63	-57	33	47	-37	97	-47	26
62	-99	-44	29	-42	-36	26	-79	82	79

11	12	13	14	15	16	17	18	19	20
62	76	79	77	86	73	79	58	79	81
76	-29	93	22	61	86	15	72	51	-36
-38	43	34	65	31	-54	53	-15	46	58
43	83	-66	57	-17	16	-27	27	-82	23

21	22	23	24	25	26	27	28	29	30
27	62	93	36	88	29	69	75	22	66
88	79	25	82	-19	98	32	69	28	47
46	-47	-51	45	99	-79	-15	-34	-18	73
-55	19	66	-56	79	86	43	78	67	-56

2 digits 4 numbers

1	2	3	4	5	6	7	8	9	10
18	15	89	69	41	60	74	90	27	86
73	24	-29	-13	93	86	73	78	-23	17
-24	-62	18	75	-98	-26	-99	-65	98	99
91	74	-11	44	52	17	61	81	73	-22

11	12	13	14	15	16	17	18	19	20
78	64	39	42	82	67	40	17	71	95
-18	46	75	16	73	46	69	84	85	53
59	-38	-64	34	-92	-25	-27	-38	35	-69
81	30	93	-78	54	37	22	96	-56	97

21	22	23	24	25	26	27	28	29	30
82	96	36	52	48	29	62	98	87	74
44	73	91	61	63	86	86	-49	25	94
-78	-52	-77	-46	-37	-79	-68	17	-49	-65
98	29	36	68	39	25	34	87	64	88

2 digits 4 numbers

1	2	3	4	5	6	7	8	9	10
78	81	77	89	69	43	55	81	39	94
-43	66	-18	62	-18	29	38	-38	46	-47
83	-29	69	-38	79	-51	-47	50	-67	54
39	33	97	44	-23	14	23	84	89	98

11	12	13	14	15	16	17	18	19	20
75	76	79	25	73	79	97	88	87	81
65	73	46	38	-54	51	36	64	18	11
-93	-37	-34	92	47	-67	-58	-59	-65	-47
81	36	64	-55	36	34	19	36	73	72

21	22	23	24	25	26	27	28	29	30
87	14	85	69	92	27	46	35	75	85
38	83	22	53	87	53	31	96	60	89
-56	-59	-69	-49	-99	-28	71	-47	-59	-64
26	15	35	71	47	38	-63	65	86	19

2 digits 4 numbers

1	2	3	4	5	6	7	8	9	10
43	62	87	33	24	16	64	25	57	53
19	66	-39	69	44	66	61	85	84	86
-29	-37	84	-58	51	79	-58	55	-17	-26
49	95	24	20	38	-37	87	-28	92	18

11	12	13	14	15	16	17	18	19	20
35	99	63	43	79	88	82	13	95	24
76	-36	31	97	94	42	71	49	47	60
68	86	85	-59	-86	-76	-56	-24	-52	-25
92	18	-14	98	65	14	69	84	35	31

21	22	23	24	25	26	27	28	29	30
55	97	13	59	59	84	34	55	82	86
47	23	88	24	76	61	75	98	47	55
37	-46	18	-34	-34	79	-46	-27	62	-22
23	32	62	80	88	37	63	62	91	-26

2 digits 4 numbers

1	2	3	4	5	6	7	8	9	10
95	32	87	97	98	56	48	73	84	98
26	76	36	73	33	76	93	38	75	78
67	83	-45	-23	-89	-36	94	-26	-24	-37
-79	-52	92	59	27	42	21	41	54	54

11	12	13	14	15	16	17	18	19	20
98	66	44	32	29	36	72	88	85	68
33	36	67	-23	56	54	49	-29	48	27
-48	58	-39	82	27	61	97	31	-71	36
87	-25	56	28	92	-24	-68	56	66	-51

21	22	23	24	25	26	27	28	29	30
58	92	66	66	93	93	48	81	71	69
-42	39	37	77	62	62	-39	51	39	71
83	61	-44	-33	-28	-57	12	-23	51	-51
93	-89	80	44	46	28	52	65	-45	63

2 digits 4 numbers

1	2	3	4	5	6	7	8	9	10
79	36	99	82	25	73	99	29	89	22
59	89	86	59	98	82	-68	99	-32	38
88	-33	-35	68	-37	34	34	-49	76	74
21	79	56	43	68	-45	95	32	98	97

11	12	13	14	15	16	17	18	19	20
96	81	64	64	98	78	99	67	45	68
18	22	53	51	22	42	64	-28	28	57
-35	87	-39	75	68	-56	-48	78	87	47
50	-69	46	-13	-57	37	36	59	62	-31

21	22	23	24	25	26	27	28	29	30
71	71	63	59	65	46	96	81	88	62
-22	54	51	73	45	39	32	-54	53	27
39	-36	47	27	-26	64	26	39	-78	45
65	37	-15	93	39	-27	-17	48	42	-28

2 digits 4 numbers

1	2	3	4	5	6	7	8	9	10
18	57	48	57	45	57	45	59	61	99
52	69	53	44	89	96	99	67	59	67
-32	-36	39	76	-27	-83	54	76	-22	-78
98	86	-28	-55	68	45	-37	-48	36	54

11	12	13	14	15	16	17	18	19	20
85	28	89	65	76	77	68	85	98	66
77	33	78	37	57	53	29	94	97	38
-56	-24	-65	-46	-26	44	49	97	-81	47
26	56	19	75	54	-24	-26	-66	77	-56

21	22	23	24	25	26	27	28	29	30
33	46	57	55	36	79	83	12	31	51
59	94	79	76	14	54	-18	28	53	34
-28	75	45	34	69	76	11	37	16	-28
75	-68	-69	-61	-46	-38	27	50	73	65

2 digits 4 numbers

1	2	3	4	5	6	7	8	9	10
36	88	79	68	64	54	96	82	66	42
81	67	24	87	99	-39	65	-69	43	63
99	41	-32	-43	-57	77	-49	52	98	-59
-48	-23	88	65	39	45	37	41	56	86

11	12	13	14	15	16	17	18	19	20
48	14	75	46	19	82	66	56	87	86
54	56	84	71	65	-58	46	26	95	42
36	-25	-61	39	-43	21	-32	65	-79	-47
-14	98	36	-25	97	43	58	-25	54	57

21	22	23	24	25	26	27	28	29	30
66	92	21	36	78	38	93	86	94	54
-17	-13	96	44	85	67	26	39	48	68
71	59	59	-23	-58	48	-49	-53	-56	-33
-13	64	45	72	47	-36	70	17	39	86

2 digits 4 numbers

1	2	3	4	5	6	7	8	9	10
79	86	86	88	76	72	67	57	42	90
39	39	-28	17	98	-16	95	68	89	77
-56	-67	75	75	-77	36	-86	78	-65	-16
29	74	43	31	24	97	30	-37	23	25

11	12	13	14	15	16	17	18	19	20
39	25	71	99	28	54	96	79	22	79
96	57	86	33	57	84	48	-55	59	57
-28	-36	-48	-24	-44	76	-73	56	-16	12
84	26	32	47	36	-69	58	87	60	48

21	22	23	24	25	26	27	28	29	30
58	96	92	82	77	64	66	38	75	36
25	75	28	59	86	54	97	91	64	57
-38	92	54	44	-69	46	71	92	14	12
67	83	-77	-35	95	-24	-85	84	95	62

2 digits 4 numbers

1	2	3	4	5	6	7	8	9	10
59	96	85	83	55	27	87	61	73	32
82	81	96	42	67	66	64	21	-14	67
91	47	29	56	-32	39	-58	-16	-26	59
37	-27	-78	-24	83	84	16	-23	55	-18

11	12	13	14	15	16	17	18	19	20
37	56	15	15	26	26	73	85	98	38
83	-21	90	97	68	16	58	76	64	65
-17	37	69	69	-32	58	-64	37	88	81
51	43	-27	-27	47	-39	55	-52	46	-25

21	22	23	24	25	26	27	28	29	30
47	86	23	32	44	87	99	68	28	36
58	98	32	38	28	73	87	24	45	58
-34	-53	-16	58	-36	96	53	56	63	-23
92	72	72	83	75	-57	-28	-27	36	17

2 digits 4 numbers

1	2	3	4	5	6	7	8	9	10
29	53	52	56	78	81	87	66	59	87
62	48	85	57	93	43	70	87	93	-25
75	57	33	96	33	32	84	-45	-44	79
-44	-26	-38	80	88	56	-63	56	89	90

11	12	13	14	15	16	17	18	19	20
52	83	46	91	56	78	71	25	25	13
-35	41	58	53	-18	92	53	79	91	36
71	75	63	37	72	-57	83	-69	-58	50
66	-63	-27	-25	37	65	-21	73	47	-22

21	22	23	24	25	26	27	28	29	30
93	52	56	63	80	71	47	27	26	71
79	79	99	58	17	29	88	16	73	59
-64	-68	-26	37	29	-44	-76	23	99	-68
47	92	33	-45	77	56	53	-10	-61	83

How to Abacus Exercise   2 Digits 34

Answer Key

1, 2 digits 3 numbers p.2

1	2	3	4	5	6	7	8	9	10
80	49	46	83	54	73	85	23	65	97
11	12	13	14	15	16	17	18	19	20
73	24	62	88	62	15	64	62	90	39
21	22	23	24	25	26	27	28	29	30
22	94	74	24	78	64	15	97	89	47

1, 2 digits 3 numbers p.3

1	2	3	4	5	6	7	8	9	10
86	99	42	83	64	65	61	14	13	44
11	12	13	14	15	16	17	18	19	20
85	85	44	38	90	81	75	74	85	88
21	22	23	24	25	26	27	28	29	30
96	50	65	86	61	55	48	82	87	67

1, 2 digits 3 numbers p.4

1	2	3	4	5	6	7	8	9	10
78	87	93	99	47	64	51	74	76	35
11	12	13	14	15	16	17	18	19	20
46	75	45	17	25	52	84	41	71	65
21	22	23	24	25	26	27	28	29	30
50	78	34	69	53	56	44	42	33	84

1, 2 digits 3 numbers p.5

1	2	3	4	5	6	7	8	9	10
43	96	52	85	60	38	62	48	58	88
11	12	13	14	15	16	17	18	19	20
65	28	70	66	32	79	53	81	72	44
21	22	23	24	25	26	27	28	29	30
37	97	83	31	39	70	79	45	74	42

1, 2 digits 3 numbers p.6

1	2	3	4	5	6	7	8	9	10
42	62	79	58	54	51	46	83	60	48
11	12	13	14	15	16	17	18	19	20
73	21	29	72	37	67	60	29	35	14
21	22	23	24	25	26	27	28	29	30
53	38	67	78	16	48	40	21	50	17

1, 2 digits 3 numbers p.7

1	2	3	4	5	6	7	8	9	10
87	55	5	65	82	16	77	16	78	17
11	12	13	14	15	16	17	18	19	20
73	86	37	1	59	37	12	26	58	69
21	22	23	24	25	26	27	28	29	30
61	28	88	4	16	95	16	94	35	69

1, 2 digits 3 numbers p.8

1	2	3	4	5	6	7	8	9	10
50	70	93	84	95	93	97	35	96	15
11	12	13	14	15	16	17	18	19	20
44	14	11	32	25	16	8	91	38	75
21	22	23	24	25	26	27	28	29	30
20	54	69	71	13	44	69	71	45	87

1, 2 digits 3 numbers p.9

1	2	3	4	5	6	7	8	9	10
76	55	64	76	46	68	57	50	64	72
11	12	13	14	15	16	17	18	19	20
87	25	82	59	42	73	40	19	43	57
21	22	23	24	25	26	27	28	29	30
67	50	68	82	73	31	20	29	59	48

2 digits 3 numbers P.10

1	2	3	4	5	6	7	8	9	10
110	51	75	80	38	86	151	81	94	45
11	12	13	14	15	16	17	18	19	20
89	75	195	93	134	83	69	42	109	64
21	22	23	24	25	26	27	28	29	30
68	64	120	147	61	234	104	171	39	89
31	32	33	34	35	36	37	38	39	40
73	133	83	200	60	94	79	138	146	115
41	42	43	44	45	46	47	48	49	50
145	125	77	105	89	166	39	31	123	101

2 digits 3 numbers P.11

1	2	3	4	5	6	7	8	9	10
104	50	95	191	85	244	142	107	64	128
11	12	13	14	15	16	17	18	19	20
99	124	152	87	131	49	78	193	84	40
21	22	23	24	25	26	27	28	29	30
104	75	67	85	105	153	53	62	93	66
31	32	33	34	35	36	37	38	39	40
157	100	85	143	143	189	85	80	116	174
41	42	43	44	45	46	47	48	49	50
66	115	126	102	91	79	99	83	176	101

2 digits 3 numbers P.12

1	2	3	4	5	6	7	8	9	10
60	71	118	97	110	78	64	118	47	42
11	12	13	14	15	16	17	18	19	20
142	106	115	278	93	95	170	123	80	128
21	22	23	24	25	26	27	28	29	30
112	64	48	84	158	69	82	101	59	59
31	32	33	34	35	36	37	38	39	40
84	136	132	141	77	104	63	50	67	72
41	42	43	44	45	46	47	48	49	50
47	39	76	109	66	78	83	89	224	90

2 digits 3 numbers P.13

1	2	3	4	5	6	7	8	9	10
186	68	77	75	73	49	66	191	66	119
11	12	13	14	15	16	17	18	19	20
110	107	101	136	123	56	61	72	113	57
21	22	23	24	25	26	27	28	29	30
104	171	76	100	104	130	123	102	133	116
31	32	33	34	35	36	37	38	39	40
101	91	185	73	56	84	122	163	95	101
41	42	43	44	45	46	47	48	49	50
89	96	113	14	247	90	119	51	137	77

2 digits 3 numbers P.14

1	2	3	4	5	6	7	8	9	10
50	149	150	103	103	60	81	103	120	84
11	12	13	14	15	16	17	18	19	20
120	57	52	132	47	139	62	156	78	57
21	22	23	24	25	26	27	28	29	30
134	178	60	76	201	60	99	139	54	104
31	32	33	34	35	36	37	38	39	40
153	76	77	84	124	125	57	126	129	105
41	42	43	44	45	46	47	48	49	50
109	69	76	118	64	104	95	85	98	50

2 digits 3 numbers P.15

1	2	3	4	5	6	7	8	9	10
50	60	119	136	102	149	116	84	77	56
11	12	13	14	15	16	17	18	19	20
86	88	60	104	62	78	82	200	51	126
21	22	23	24	25	26	27	28	29	30
64	143	76	109	65	53	140	67	84	77
31	32	33	34	35	36	37	38	39	40
192	94	88	39	125	107	80	50	84	46
41	42	43	44	45	46	47	48	49	50
64	81	97	72	77	150	85	33	111	60

2 digits 3 numbers P.16

1	2	3	4	5	6	7	8	9	10
124	74	129	109	60	133	76	69	213	73
11	12	13	14	15	16	17	18	19	20
84	60	75	76	70	72	58	63	115	72
21	22	23	24	25	26	27	28	29	30
63	30	89	132	155	77	79	89	38	72
31	32	33	34	35	36	37	38	39	40
67	136	73	102	152	72	44	56	56	27
41	42	43	44	45	46	47	48	49	50
123	65	101	162	113	78	66	113	125	50

2 digits 3 numbers P.17

1	2	3	4	5	6	7	8	9	10
70	148	129	90	82	97	82	95	81	74
11	12	13	14	15	16	17	18	19	20
63	97	113	68	165	94	139	51	145	75
21	22	23	24	25	26	27	28	29	30
6	80	68	124	55	70	67	103	69	74
31	32	33	34	35	36	37	38	39	40
161	69	171	58	106	79	105	87	130	73
41	42	43	44	45	46	47	48	49	50
55	161	122	87	76	71	126	50	108	130

1, 2 digits 4 numbers p.18

1	2	3	4	5	6	7	8	9	10
206	120	230	180	156	161	88	162	122	143
11	12	13	14	15	16	17	18	19	20
193	140	175	80	92	83	86	90	46	81
21	22	23	24	25	26	27	28	29	30
90	63	72	94	106	89	91	81	132	97

1, 2 digits 4 numbers p.19

1	2	3	4	5	6	7	8	9	10
90	75	76	62	72	49	51	101	82	72
11	12	13	14	15	16	17	18	19	20
55	68	35	80	72	72	42	70	70	72
21	22	23	24	25	26	27	28	29	30
60	43	85	42	90	70	56	34	74	29

1, 2 digits 4 numbers p.20

1	2	3	4	5	6	7	8	9	10
63	100	93	65	97	50	61	59	25	94
11	12	13	14	15	16	17	18	19	20
49	90	72	66	77	75	59	22	26	70
21	22	23	24	25	26	27	28	29	30
70	36	80	41	40	71	49	72	80	72

1, 2 digits 4 numbers p.21

1	2	3	4	5	6	7	8	9	10
99	56	57	71	100	53	71	86	76	136
11	12	13	14	15	16	17	18	19	20
146	72	110	118	124	67	104	125	74	100
21	22	23	24	25	26	27	28	29	30
141	53	85	50	127	135	117	86	145	51

1, 2 digits 4 numbers p.22

1	2	3	4	5	6	7	8	9	10
103	103	85	92	69	187	66	49	146	228
11	12	13	14	15	16	17	18	19	20
75	78	81	174	172	80	159	55	150	155
21	22	23	24	25	26	27	28	29	30
144	172	107	0	211	52	110	76	154	169

1, 2 digits 4 numbers p.23

1	2	3	4	5	6	7	8	9	10
139	109	89	107	75	71	98	114	100	179
11	12	13	14	15	16	17	18	19	20
30	72	174	142	61	73	105	115	112	120
21	22	23	24	25	26	27	28	29	30
104	149	102	107	75	48	174	61	103	124

1, 2 digits 4 numbers p.24

1	2	3	4	5	6	7	8	9	10
104	140	184	140	54	128	106	108	125	34
11	12	13	14	15	16	17	18	19	20
54	94	109	121	53	83	26	94	55	100
21	22	23	24	25	26	27	28	29	30
109	104	72	93	175	81	74	54	154	170

1, 2 digits 4 numbers p.25

1	2	3	4	5	6	7	8	9	10
58	30	49	48	48	151	35	48	46	70
11	12	13	14	15	16	17	18	19	20
47	54	66	40	105	44	56	35	53	91
21	22	23	24	25	26	27	28	29	30
42	69	21	53	61	52	82	55	81	37

2 digits 4 numbers p.26

1	2	3	4	5	6	7	8	9	10
176	140	181	161	136	131	88	172	112	83
11	12	13	14	15	16	17	18	19	20
143	110	155	80	72	53	96	70	56	61
21	22	23	24	25	26	27	28	29	30
70	53	62	124	76	65	71	51	152	77

2 digits 4 numbers p.27

1	2	3	4	5	6	7	8	9	10
70	95	67	92	52	69	81	121	92	62
11	12	13	14	15	16	17	18	19	20
75	38	55	70	52	62	72	60	50	122
21	22	23	24	25	26	27	28	29	30
50	73	105	72	110	60	76	54	54	59

2 digits 4 numbers p.28

1	2	3	4	5	6	7	8	9	10
53	140	73	55	117	70	81	109	65	84
11	12	13	14	15	16	17	18	19	20
69	80	42	46	97	55	49	42	46	60
21	22	23	24	25	26	27	28	29	30
60	66	100	51	60	61	69	62	60	92

2 digits 4 numbers p.29

1	2	3	4	5	6	7	8	9	10
119	76	78	101	140	103	131	106	86	156
11	12	13	14	15	16	17	18	19	20
116	82	120	138	134	77	124	145	104	110
21	22	23	24	25	26	27	28	29	30
161	83	95	70	127	125	89	56	205	91

2 digits 4 numbers p.30

1	2	3	4	5	6	7	8	9	10
123	123	115	112	79	157	106	69	116	238
11	12	13	14	15	16	17	18	19	20
95	88	111	184	212	70	189	45	180	175
21	22	23	24	25	26	27	28	29	30
114	192	117	20	167	62	62	96	124	159

2 digits 4 numbers p.31

1	2	3	4	5	6	7	8	9	10
119	99	119	128	105	111	78	93	110	149
11	12	13	14	15	16	17	18	19	20
50	42	184	112	81	113	75	95	142	156
21	22	23	24	25	26	27	28	29	30
124	132	92	77	55	58	154	51	83	105

2 digits 4 numbers p.32

1	2	3	4	5	6	7	8	9	10
124	170	174	160	74	98	126	118	155	54
11	12	13	14	15	16	17	18	19	20
74	124	119	91	73	73	56	114	65	120
21	22	23	24	25	26	27	28	29	30
119	124	82	113	185	101	84	64	164	190

2 digits 4 numbers p.33

1	2	3	4	5	6	7	8	9	10
48	50	79	38	68	181	25	68	66	60
11	12	13	14	15	16	17	18	19	20
27	84	106	30	125	54	76	55	63	111
21	22	23	24	25	26	27	28	29	30
52	89	31	63	81	82	112	95	61	87

2 digits 4 numbers p.34

1	2	3	4	5	6	7	8	9	10
90	125	111	34	194	159	108	114	140	119
11	12	13	14	15	16	17	18	19	20
101	125	163	150	156	132	117	28	137	182
21	22	23	24	25	26	27	28	29	30
74	109	164	147	104	143	159	196	136	125

2 digits 4 numbers p.35

1	2	3	4	5	6	7	8	9	10
187	114	129	141	115	174	128	113	146	205
11	12	13	14	15	16	17	18	19	20
143	173	140	221	161	121	120	142	94	126
21	22	23	24	25	26	27	28	29	30
106	113	133	107	247	134	129	188	99	130

2 digits 4 numbers p.36

1	2	3	4	5	6	7	8	9	10
158	51	67	175	88	137	109	184	175	180
11	12	13	14	15	16	17	18	19	20
200	102	143	14	117	125	104	159	135	176
21	22	23	24	25	26	27	28	29	30
146	146	86	135	113	61	114	153	127	191

2 digits 4 numbers p.37

1	2	3	4	5	6	7	8	9	10
157	151	225	157	107	35	69	177	107	199
11	12	13	14	15	16	17	18	19	20
128	148	155	100	102	97	94	129	113	117
21	22	23	24	25	26	27	28	29	30
95	53	73	144	127	90	85	149	162	129

2 digits 4 numbers p.38

1	2	3	4	5	6	7	8	9	10
82	186	156	64	157	124	154	137	216	131
11	12	13	14	15	16	17	18	19	20
271	167	165	179	152	68	166	122	125	90
21	22	23	24	25	26	27	28	29	30
162	106	181	129	189	261	126	188	282	93

2 digits 4 numbers p.39

1	2	3	4	5	6	7	8	9	10
109	139	170	206	69	138	256	126	189	193
11	12	13	14	15	16	17	18	19	20
170	135	128	119	204	127	150	146	128	80
21	22	23	24	25	26	27	28	29	30
192	103	139	154	173	126	73	174	116	152

2 digits 4 numbers p.40

1	2	3	4	5	6	7	8	9	10
247	171	206	252	154	144	160	111	231	231
11	12	13	14	15	16	17	18	19	20
129	121	124	177	131	101	151	176	222	141
21	22	23	24	25	26	27	28	29	30
153	126	146	252	123	122	137	114	105	106

2 digits 4 numbers p.41

1	2	3	4	5	6	7	8	9	10
136	176	112	122	175	115	161	154	134	142
11	12	13	14	15	16	17	18	19	20
132	93	121	131	161	150	120	210	191	95
21	22	23	24	25	26	27	28	29	30
139	147	112	104	73	171	103	127	173	122

2 digits 4 numbers p.42

1	2	3	4	5	6	7	8	9	10
168	173	159	177	145	137	149	106	263	132
11	12	13	14	15	16	17	18	19	20
124	143	134	131	138	88	138	122	157	138
21	22	23	24	25	26	27	28	29	30
107	202	221	129	152	117	140	89	125	175

2 digits 4 numbers p.43

1	2	3	4	5	6	7	8	9	10
91	132	176	211	121	189	106	166	89	176
11	12	13	14	15	16	17	18	19	20
191	72	141	155	77	145	129	167	125	196
21	22	23	24	25	26	27	28	29	30
112	346	97	150	189	140	149	305	248	167

2 digits 4 numbers p.44

1	2	3	4	5	6	7	8	9	10
269	197	132	157	173	216	109	43	88	140
11	12	13	14	15	16	17	18	19	20
154	115	147	154	109	61	122	146	296	159
21	22	23	24	25	26	27	28	29	30
163	203	111	211	111	199	211	121	172	88

2 digits 4 numbers p.45

1	2	3	4	5	6	7	8	9	10
122	132	132	289	292	212	178	164	197	231
11	12	13	14	15	16	17	18	19	20
154	136	140	156	147	178	186	108	105	77
21	22	23	24	25	26	27	28	29	30
155	155	162	113	203	112	112	56	137	145

www.ingramcontent.com/pod-product-compliance
Lightning Source LLC
Chambersburg PA
CBHW081330040426
42453CB00013B/2359